《花艺目客》编辑部 编

中国林业出版社

# FLORAL DESIGN MOOK

## 花艺目客

夏

己亥年
总第 5 辑

己亥年夏　总第 5 辑

图书在版编目（CIP）数据

花艺目客. 夏花成妍 / 花艺目客编辑部编. – 北京：
中国林业出版社, 2019.6
ISBN 978-7-5219-0176-4

Ⅰ.①花… Ⅱ.①花… Ⅲ.①花卉装饰—装饰美术—
设计 Ⅳ.①J525.12

中国版本图书馆CIP数据核字(2019)第145749号

**责任编辑：** 印　芳
**出版发行：** 中国林业出版社
　　　　　　（100009 北京市西城区刘海胡同7号）
**电　　话：** 010-83143565
**印　　刷：** 固安县京平诚乾印刷有限公司
**版　　次：** 2019年7月第1版
**印　　次：** 2019年7月第1次印刷
**开　　本：** 787mm×1092mm　1/16
**印　　张：** 9
**字　　数：** 300千字
**定　　价：** 58.00元

---

**总策划** *Event planner*
中国林业出版社
《中国花卉报》社

**总编辑** *Editor-in-Chief*
周金田
**副总编辑** *Deputy Editor-in-Chief*
何增明
**运营总监** *Chief Operating Officer*
黄正秉

**联系我们** *Contact us*
huayimuke@163.com
**商业合作** *Business cooperation*
huayimuke@163.com
**投稿邮箱** *Contribution email address*
huayimuke@163.com

**主编** *Chief Editor*
印芳
**主编** *Chief Editor*
霍丽洁
**副主编** *Deputy Chief Editor*
黄静薇
**特约撰稿** *Staff Editor*
石艳
**编辑** *Editor*
袁理　邹爱
**美术编辑** *Art Editor*
刘临川
**封面图片** *Cover Picture*
陈杨

6
月季的语言

## 人物 | Stars

12
**井上博登**
他的作品中有迷人"和"风

21
**阿桑**
你追求的田园梦都在春夏农场被那个叫阿桑的姑娘计划着

32
**陈杨**
餐桌美学，最本质的意义在于对生活的珍重，在于回归日常和文化传承……

## 设计 | Design

49
毕棚沟自然婚礼 天地之间唯有爱

54
在夏日，和农场的花儿来一场纯粹的对话

58
夏初野外聚餐

63
夏日的花园

71
我用一生追随为你唱首月季花

76
金鸡菊的浪漫

80
复古油画风

84
惬意生活从简约格调餐桌开始

88
优雅浪漫蓝与紫

## 基础 | Basic

*94*
玻璃容器插花微景观

*96*
环保袋插花特色

*98*
花园烛台制作

*102*
海洋家居瓶花

*104*
法式自然风插花

*106*
初夏迷你花园

*110*
茶几矮花瓶插花

## 探店 | Discovery

*114*
时时刻刻贩卖与生活相关的一切美好

*128*
餐厅 + 花店

# 月季的语言

**撰文**／刘青林　连莉娟　**绘画**／梵高

花备四时气　香从雁北来
庭梅休笑我　雪后亦能开

月季起源于中国，距今已有2000多年的历史。18世纪中期，中国古老月季传入欧洲，与当地原产的蔷薇品种反复杂交和回交，才诞生了花香、色艳、风姿绰约的现代月季品种。经过2000多年的传承、演变、交流和发展，月季被赋予了丰富的文化内涵。由于东西方文化的差异，月季的文化解读也不尽相同。在欧洲，月季代表着圣洁、和平和爱情。在国人眼中，月季更是生命长春和顽强奋斗的精神象征。总而言之，月季承载着人们对生活的美好祝愿，对世界和平的强烈渴望，是表达友谊、欢庆与祝贺的首选。

## 圣洁

天主教中，"玫瑰"代表着圣母玛利亚。在科隆画派画家斯特凡·洛赫纳（Stephan Lochner，约1405－1451年）的作品《玫瑰亭中的圣母玛利亚》和马丁·舍恩高尔（Martin Schongauer，1435－1491年）的作品《玫瑰篱笆内的圣母玛利亚》中都绘有红白两种玫瑰。白色玫瑰代表她的谦逊，红色玫瑰代表她的仁爱。所以圣母玛利亚又被称为"玫瑰圣母"，也有人说象征圣母的是无刺的玫瑰，意味着圣洁、高贵和美好。

天主教徒用来敬礼圣母玛利亚的祷文《圣母圣咏》，又被称为《玫瑰经》。"玫瑰经"一词来源于拉丁语"Rosarium"，意为"玫瑰花冠"或"一束玫瑰"。《玫瑰经》意喻着连串的祷文如玫瑰般馨香，敬献于天主与圣母身前。

圣经中也多次提到了玫瑰，如"七座大山长满了玫瑰和百合"，"那里我像一棵雪松一样增长……像玫瑰一样开放""旷野和干旱之地必然欢喜，沙漠也必快乐，就像玫瑰开花，必开花繁盛""听着，我诚恳的儿子，像溪旁的玫瑰一样开放""就像一天中早晨的玫瑰花一样"。

## 爱情

在希腊神话中，玫瑰是爱与美的化身。爱神阿佛洛狄特（Aphrodite）的情人阿多尼斯（Adonis），他在狩猎时被野猪咬伤致死。当爱神跑到他身边，悲痛欲绝，在他的血液和她的泪水的混合物中长出了美丽的、芳香的、血红色的红玫瑰。这个故事的另一版本是，阿佛洛狄特为了寻找阿多尼斯，奔跑在玫瑰花丛中，玫瑰刺破了她的手，刺破了她的腿，鲜血滴在白玫瑰的花瓣上，从此白玫瑰变成了红色的，红玫瑰也因此成了坚贞爱情的象征。

相传，在古罗马时期，每年的2月14日人们要敬拜天后朱诺（Juno），因为她是女性婚姻幸福的保护神。这一天，陷入爱河的男女皆用红色的玫瑰花送给自己的心上人，表达浓浓的爱意，后来玫瑰就被世人冠以"爱情之花"的称号。情人节送玫瑰的传统也就一直延续至今。

现代社会人们对于不同颜色、不同朵数的月季分别赋予不同的爱情涵义。如红色代表爱情、高贵、优雅，白色代表圣洁、崇高，粉色代表初恋、感谢，黄色代表珍重、祝福。11朵代表"一心一意"，99朵代表"天长地久"等。

## 和平

'和平'月季是第二次世界大战期间法国人弗兰西斯·梅朗在法西斯铁蹄下精心培育的品种。为了保护这个新生的品种不致遭受纳粹的蹂躏，他把它分送到几个国家栽培。美国园艺家焙耶收到后，立即将其分送到美国各地繁殖。原来它没有统一的名字，1945年美国月季协会将其命名为'和平'，以表达当时世界人民对于和平的殷殷期盼。巧合的是就在"和平"月季命名的这一天，苏联军队攻克柏林，法西斯灭亡。同年联合国成立并召开第一次会议时，每个与会代表房间的花瓶里，都插有一束美国月季协会赠送的'和平'月季，上面写着：我们希望"和平"，月季能够影响人们的思想，给全世界以持久和平。

为了纪念在第二次世界大战期间，被法西斯迫害的无辜百姓，1955年，在一个叫里斯底的村子中建起了一个月季园，其中主要的品种是'和平'。世界上许多国家也都建有和平月季园，以表达对和平的渴望和对侵略者的痛恨。可以说，'和平'月季从诞生之日起，就是和人们反对战争、热爱和平、增进友谊的美好愿望联系在一起的。

'和平'月季被公认为是20世纪最伟大的月季品种，先后获得美国AARS奖、英国RNRS奖、世界月季联合会WFRS奖。'和平'月季备受育种家的青睐，培育出了系列优秀月季品种，如'粉和平''火和平''芝加哥和平''和平之光''北京和平'等。

## 长春

月季在中国又被称为'月月红''长春花''斗雪红''胜春''人间不老春'等，因其具有四季长春、连续开花的特性，历来被文人骚客咏颂赞扬。

宋代诗人杨万里在《腊前月季》一诗中这样描述："只道花无十日红，此花无日不春风"，以此来形容月季四季开花不断、似春常在的美好。这短短的14个字也成为咏叹月季的绝世佳句，家喻户晓，人人传颂。此外描写月季四时常开的诗句还有苏轼《月季》中的"花落花开无间断，春来春去不相关……唯有此花开不厌，一年长占四时春"。韩琦的"何似此花荣艳足，四时常放浅深红"。宋月季花图纨扇本题诗："花备四时气，香从雁北来，庭梅休笑我，雪后亦能开"。宋代徐积在《长春花》一诗中以似嗔似怨的语气赞美月季："曾陪桃李开时雨，仍伴梧桐落后风。费尽主人歌与酒，不教闲却买花翁。"

## 顽强

描述月季的诗文不胜枚举。古往今来，勤劳勇敢、热爱生活的人们从月季在冷暖四季中，依然繁花盛开的现象中悟出了一些人生哲理。要做像月季一样的人，无论在何时何地、何种条件下都要保持自己的本色，持之以恒、一如既往地完成使命。

千百年来月季深受中国人民的喜爱，不仅是因为它花姿优美、花香馥郁、四时常开，更重要的是它顽强生长的姿态象征着国人的精神风貌，顽强不息、不屈不挠、坚忍不拔。正如苏辙在《所寓堂后月季再生》一诗中描写："何人纵寻斧，害意肯留卉。偶乘秋雨滋，冒土见微茸。猗猗抽条颖，颇欲傲寒冽。"表现出月季非常顽强的生命力和敢于与恶劣环境搏斗的精神。

从两个方面可以理解月季生命力的顽强。其一，月季的繁殖能力极强。剪个枝条插在盆里，就能生根、发芽、开花。地上部受到破坏或齐根修剪，只要根在，来年春天依然繁花似锦。其二，月季可以在极其恶劣的环境中生长。北京故宫博物院收藏的清代画家居廉的国画作品《花卉

昆虫图之月季》，描绘了一株生长在岩石缝中的月季，不论土地多么贫瘠、虫子如何啃咬，依旧枝繁叶茂、花开朵朵。据月季栽培大师孟庆海先生所讲，在山东成山头的礁石缝中生长着一株百余年的野生玫瑰，面对着风吹浪打的恶劣条件仍然顽强生长，年年开化。这种与自然抗争，顽强生长的精神让人折服。

### 吉祥

"季"同"吉"，由月季花组成的图案象征吉祥。因为月季代表的美好象征，无论皇家还是民间百姓，都喜欢用月季图案做装饰。流传至今的瓷器上大量绘有月季纹饰，这也是中国月季悠久栽培历史的证明。明代有"月季花"和"鸡"组成的"双吉"图案，"斗彩鸡缸杯"就是典型代表。清代有五彩十一月季花神杯，月季花随风摇曳，红花争艳，寓意吉祥、吉利。自古以来，描写月季的诗歌、散文等文学作品，颂扬月季的绘画、摄影作品，反映月季形象的工艺品，以月季为主材的插花艺术作品等层山不穷，月季已经深入到我们的精神文化生活之中。国家邮政局还专门为我国自育的月季品种'上海之春'等发行特种邮票一套6枚。此外，人们还以月季为原料来制造各种产品，如玫瑰酱、玫瑰酒、玫瑰精油、玫瑰饼、玫瑰蜜。还用月季花瓣熏茶叶，用干花瓣做成香花瓶、香花袋等等。可见，月季也已渗透到我国饮食文化、酒文化、化妆品、装饰品等物质生活的各个领域之中。

（感谢马大勇老师提供文字参考）

# 1 人物
# Stars

**井上博登**
他的作品中有迷人"和"风

**阿桑**
你追求的田园梦都在春夏农场被那个叫阿桑的姑娘计划着

**陈杨**
餐桌美学，最本质的意义在于对生活的珍重，在于回归日常和文化传承……

# 他的作品中有迷人『和』风
——访日本花艺大师井上博登

观井上博登的作品，一下子就能被那种干净、纯粹、雅致所吸引，典型日式『和』风的气息扑面而来。在商业花艺中，这样的风格就像是一股清流，让人心境沉淀下来，可以更深地领略到花草之美。

撰文／霍丽洁　图片／好研社

在日本花艺界最高级别的花艺大赛中，井上博登是一位屡获佳绩的明星花艺师：2005第8回世界花艺设计大会最优秀奖、2008 NFD大赛金花奖、2011 NFD日本花艺设计内阁总理大臣奖、NFD大赛金花奖、2016英国豪斯腾堡国际花艺设计师第一名。在今年初落幕的世界杯花艺大赛中，他作为嘉宾举办了专题讲座。他的人气，在于他完美地融合了日式花道和西式花艺之美，让花草在鲜明的东方审美中熠熠生辉。

## 建筑出身 花道背景

颇有学者气质的井上博登，大学是学习建筑设计的.建筑外形、空间与空间装饰，总是能引发他去探索生活中的"和谐之美"。花艺是无意中闯入他的生活的——在他26岁时，偶然认识了他的花艺老师。"在建筑公司工作时总是被骂，在插花时却总是得到表扬。"井上老师开玩笑说，但花艺更吸引他的，是"完成建筑设计需要大量的时间和人力，而花艺设计却可以一个人完成，有很多想法可以表达，这是花艺设计中最有趣的地方。"

8年前，他开始学习花道，启蒙老师是松田龙作，这位老师有自己的花道流派，相对于传统日式花道，作品风格更加摩登时尚，也更接近西式花艺设计。

建筑学的背景，让井上博登在花艺设计中擅长立体组装，而且一开始他就非常明确，花是用来装饰特定场所的，需要与空间和室内装饰和谐，要配合空间考虑花艺。花道的教育，又赋予了他在花艺设计的空间感、层次感和空隙的布置方法上很多技巧，花道的文化内涵，也深为他所钟爱，比如他作品中最为突出的"和式"元素。

## "和式"素材 文化之魂

日本被称为大和民族，因此带有典型日式文化风格的，都被称为"和式""和风"。井上博登就非常喜欢在插花中使用和式素材。

最常用的是和纸，它主要是用雁皮、三桠、构树皮中的纤维，以及竹子、大麻、水稻等自然材料等制作，具有独特的肌理和优雅的特质，是特别典型的日式材料，在井上博登手中，和纸的纯净气质，总是能将花材衬托得更加娇艳绚烂。

和式素材还包括竹子、菊花等日本传统花

**和式素材包括和纸、竹子、菊花等元素。素静清雅的色彩搭配，简洁古朴的器皿。最为重要的，当然是文化中的审美倾向——寂静美、简素美、自然美甚至缺陷美。**

左页左 关注叶子 　左页右 引人注目的店 　右页 为了歌姬的设计

材，素净清雅的色彩搭配，简洁古朴的器皿。最为重要的，当然是和文化中的审美倾向——寂静美、简素美、自然美甚至缺陷美。

"您的作品总让人感觉简洁清爽，是什么原因呢？"井上博登说，花艺设计中，花本身一定要看起来很美丽。"我的作品里有结构，结构和花的分量要有巧妙的平衡和和谐，这才是完美的。"他还提到，花艺作品总是要摆放于室内空间中，而室内装修中用到的素材，比如壁纸、玻璃、木材等，用于花艺设计中，就可以很好地和空间达到平衡协调。

"制作者不感动的东西，是不能感动观众的，首先是寻找自己感动的东西，包括鲜花、器皿、资材，思考让它们发挥作用，把感动传达给别人。"譬如怎样表现铁线莲的线条？怎样才能突出容器的形状？怎样使用和纸，成为有趣的作品？从这些地方开始构思，巧妙地接受一些信息，从一个点渐渐扩展深入。

## "花道和花艺是可以共鸣的"

井上博登谈到，近年来，东方和西方的花艺设计风格，相互影响和渗透越来越深入。他喜欢德国花艺的风格，它吸收了日本花道的空间感、花材特征和非对称性。

**左页** 游乐设施的海盗船
**右页上** 不稳定的鸡蛋
**右页下** 光照变化

**左页上** 来往着的花——脉脉相对　**左页下** 美的开花——花团锦簇
**右页左** 浮起的花儿的移动城堡　**右页右** 建筑性的作品

在日本，近年来的文化"西化"现象也引起设计师的反思，现在很多建筑师和室内设计师都开始使用日式素材，想创造更符合本民族审美的舒适空间，井上博登也对此产生共鸣。"花道是使用'和式'原材料和'和式'花材相配，而我是将'和式'素材和西洋花草搭配，这一点让西方人产生了共鸣，从日本人的角度，也是一个摩登的看点。"

这样的设计风格，在日本NFD等花艺大赛中颇受评委青睐。"比起将花作为颜色和造型的设计，活用花的线条和形状的设计更容易获奖。"井上博登说。

现在，井上博登在日本有自己的工作室，主要工作是授课和花艺礼品制作。还会承接包括时尚名品、餐饮店和企业的插花项目。"现在日本的切花消费有减少的倾向，整个市场有点低迷，随着独居人数增加，房间里的装饰花也在减少，相对而言，会场、婚礼、葬礼的花艺消费则相对平稳。

井上博登对于中国的印象，来源于去年在三亚参与花艺活动，今年又应生活美学教育机构"好研社"之邀来到上海，培养花艺设计讲师。在他看来，中国花艺师爱用比较强烈的色彩对比，和欧洲的风格接近，他相信随着中国学习插花的群体越来越大，手工也会越来越精致漂亮。

# 你追求的田园梦
# 都在春夏农场
# 被那个叫
# 阿桑的姑娘
# 计划着

有幸参加了最近被朋友圈刷屏的"春夏农场"草地野餐音乐会。那是一场浪漫梦幻、轻松惬意的聚会，大大的草坪，没有规矩拘着，三五知己席地而坐；美丽的鲜花，原生态的美食，随性的音乐，还有曾在儿时见过的萤火虫在暮色中一闪一闪，如同繁星坠落……那一刻，一切快节奏导致的副作用，都被挡在农场之外——生活本该是这样子的！

**撰文**／黄静薇　**编辑**／印芳
**图片**／南京春夏农场

音乐会的策划人阿桑——一个时刻挂着笑容的、灿烂的广西姑娘，也是"春夏农场"的主理人。春夏农场原是位于南京江宁区的一个荒芜的农场，面积1800亩，阿桑2018年10月来到这里，短短半年时间，就将这里经营成了网红打卡地。她将农场打造成为"可移动式花园"推广的实验基地，开设了花园改造、花艺创作、手作等系列专业课程，还会不定期举办各种艺术作品展、儿童自然教育、亲子体验等活动，农场里还开放了住宿、餐饮、主题温室、咖啡厅等多种功能区域……阿桑，她将春夏农场，描绘成当下都市人最向往的生活的样子。

## "花草是照亮我阴郁世界的那一束光"

而很难让人相信，这个活力四射、灿烂灵气的姑娘，曾经饱受抑郁症的困扰。"因为抑郁的关系，回到老家休养，长大后第一次有了和爸妈那么长时间相处的机会。休养前，失眠状况已经持续两年多快三年的时间……有段时间情况变得更糟糕，身体也开始莫名疼痛，甚至疼到整夜不能入睡。妈妈端出倒了热水的盆子，放地上，抓起我的手直接放到水里泡着，过了好一会又拿起来不停地搓，反反复复将近持续了十分钟。这个画面至今为止都无法忘却，特别自责，我怎么会让父母承受这种担忧？可是情绪比较糟糕的时候，依旧控制不住，常常没有来由的摔门，跟所有人大声吼，但其实想吼的对象是自己……"

走出抑郁的阿桑，很平静地聊着那段痛苦的过往。听者感受到的她娇小身躯里蕴藏着那股不屈、倔强的力量。

为了爸妈，阿桑下了决心想要自救，她阅读了大量的资料书籍，对比自己的症状，大概判断自己的病情，认识到当时至少得让自己高兴起来，得出门去看任何想要看到的人和事。就这样，在去上海找心理医生时很偶然地看到三宅老师的花作。"灯光打在三五支仪态优美的绣线菊和郁金香之上，很

左页　春夏草地音乐会上的西瓜、牛奶、面包亭
右页　音乐会东侧的植物标本装饰

左页 音乐会上令人震撼的百人餐桌
右页 音乐会上的所有餐食材料都取自农场

奇妙，就这三五支花，让我竟有种想要好好生活下去的愉悦感，阴郁的世界直接打开了一条通往外界的通道，那条花道太过于美好动人，以至于根本没想起自己是个手极其笨拙的人。"因为被触动而闯进了花草的世界，那是一种有生命力的吸引，而这是难以抗拒的。"

阿桑描述那一束光照进自己阴郁世界的那一刻，眼里也闪着光。

就这样，因为花草，阿桑逐渐恢复到正常生活的轨道上："遇上花草，几乎解开了当时所有导致抑郁的心结，尤其是绕不过去的自己，那个和很多迷茫的年轻人一样，站在人生十字路口，质疑人生全部意义的曾经。"她学习花艺，跟喜欢花的人一起分享，逐渐开了自己的花艺课、花店，她的兰心蕙质，让她很快成为了当地家喻户晓、全国知名的花艺师。自然而然，更多的合作纷至沓来。最终，她从众多的邀约中，选择了成为南京春夏农场的主理人。

花艺目客 | 25

"可是，从事花艺行业远没有大家想象得那么美好，纤纤细手，那都是难得一见的。什么美呢，和花高兴地在一起美好。不过分渲染，不过分商业，不束之高阁，做着让人看了就高兴的花，够了。让人高兴，那是件多么值得做的事情。"

### "我要亲手把农场打造成为一个具有治愈性的自然生态园"

就是这份初衷，确定了"春夏农场"的定位："我要亲手把农场打造成为一个具有治愈性的花园大空间，成为家庭聚会、朋友共享或是行业交流的自然生态园。我的小伙伴都是一群志同道合的朋友，他们和我一样有着纯真的梦想，可以在这里做花艺、手工、美食，但愿我可以守得住他们这份美好。"

"刚来时有人要帮我割野草，被我拒绝了。我要保留这份大自然赋予的美好。"阿桑说，"草地上的大片金鸡菊都会成为农场画面的组成部分。我不希望有太多人为的痕迹，能够来到大自然当中，就是要感受到自然的生长。当初在西瓜棚里种植那一刻起，我就设想了待到瓜熟蒂落，便是邀约友人的时刻"。

**左页** 音乐会上自然随挂的氛围让人感觉舒畅轻松
**右页上** 音乐会上的各种美食
**右页下** 音乐会上的课移动植物标本馆陈列

瓜熟蒂落，这次的草地野餐音乐会，就是阿桑朋友们聚会的大party。17组餐桌设计，5组主题花园，5处新花园空间改造。"在筹备过程中最骄傲的是，我们本着能动手做就绝不购买的原则，在音乐会呈现的每一个细节都由我们亲手完成。这个季节，农场里有什么，我们就呈现什么，所在设计都不脱离农场资源。从农场到餐桌，不只是采来植物做成花艺，摘来水果做成美食，就连十几组餐桌设计都是我们用一堆木头自己做的，包括百人长餐桌、乐队、野餐区域⋯⋯"

除了音乐会，生态贯穿农场所有的项目。"比如四季餐桌美学课程中，我们所运用到的花材全部来自农场，樱花、桃花、玉兰花、夏天的蓝雪花、金菊花、蜀葵等等，也许就10天花期，我们就用大自然赋予的花材，不会去市场买花材。"

**左页上** 音乐会上乐队正演奏
**左页下** 制作花束的阿桑
**右页** 阿桑正在布置餐桌花

## "关于未来,我们还需要时间去摸索,确认方向对了,努力干就是了"

关于春夏农场的未来,阿桑还有太多超前的尝试和设想。2016年提出移动式花园,阿桑就用两年时间去探索。"花园不一定只在陆地上,还有更多可能。"她不受空间、季节的限制,运用艺术形式去展示花园。在她的园子里,可以看到大片多肉植物与各种习性不同的花卉植物种植在一起,丝毫不影响各自的生长,一片和谐景象。

随着农场的发展,业务范围也越来越广,从最初的花艺课程、空间改造,扩展到餐饮、民宿,以及自然教育、亲子体验……春夏农场,承载着阿桑的梦想,也容纳了现代人的追求。"魅力农场,是区别星级酒店的。要注重人的体验感。在商业运营之外,希望有更大力量,把美传播出去。"阿桑说。

目前阿桑团队固定成员仅8人,但吸引了一大批义工,自愿加入到这个队伍里,这令阿桑为之感动。"我们还需要时间去摸索,确认方向对了,努力干就是了。"

……

清晨,从春夏花园民俗中醒来,窗外鸟叫蛙鸣,鲜花盛开,不禁对这个具有治愈性的大花园产生了"邪念"——要保守住这份私密空间,不要让太多人知道,来破坏这份安宁。

**左页** 春夏农场里的植物标本馆
**右页** 阿桑和她的餐桌美学课

冬宜温暖之室　春宜柳堂花榭　夏宜临水依竹　秋宜晴窗高阁　以使神清气爽　更加食以养生

餐桌美学
最本质的意义在于
**对生活的珍重**
在于回归日常
**和文化传承**
……

——访生活美学策划师陈杨

编辑／邹爱　图片／陈杨

餐桌设计中的餐桌花装饰可以说是当下最热门的花艺课程之一。如今较为流行的便是那些堆满了鲜花、带给人强烈视觉冲击力的奢靡风格。这些设计虽然十分炫目，但是往往忽视了餐桌设计最本质的意义。

陈杨，一位生活在日本的生活美学策划师，她寻求纯真的日常，将生活中的点滴之美融入了餐桌设计之中。4月，《花艺目客》的读者分享会上，陈杨的美学分享让大家理解了餐桌设计最本质的意义是对生活的珍重。人们将对自然、美和生命的热爱融入日常餐桌之中，餐桌是传承这种态度的舞台。餐桌设计也绝非简单浮华的鲜花堆砌，它是一门融合了多种专业知识的综合学科，更是设计者修养和内涵的体现。

**清凉海洋风**

夏日清凉海洋风的主题餐桌，一款非常清爽简洁的设计。向日葵是夏季最常见的花材之一，它的黄色与海洋之蓝这一相反色形成了撞色搭配设计。

**Q：能介绍一下餐桌设计的文化背景么？**

**A：** 餐桌设计主要还是植根于文化。餐桌的历史可以追溯到古希腊文化，餐桌装饰艺术则起源于中世纪的法国皇室贵族。在上世纪80年代从欧美率先传入了日本。每年2月在日本东京举办的餐桌餐具大展赛更是推动了餐桌设计行业的发展。每年参展的许多著名餐桌设计师都出身于花艺、空间设计以及综合艺术设计等领域。

我个人认为餐桌美学最重要的意义在于传承文化和回归家庭。首先是文化的传承，各国都拥有本土独特的文化习俗。中国餐桌文化的传承体现在一些重大传统的节日，比如24节气、72物候以及春节、端午、中秋等传统节日。另一点是回归家庭。过去各种节日的聚会中，大家合家团聚，分工合作，有的料理食材，有的布置餐桌，有的摆放餐具……如今，由于工作和生活的繁忙，这样其乐融融的画面越来越难得了，这无疑对下一代的成长和文化的传承都非常不利。

餐桌设计非常注重季节感和色彩感，形式不需要特别复杂，根据季节的变化在餐桌上铺一张当季色彩的桌布，点缀几枝应季花草，用当季食材烹调几道可口料理，都是增加幸福感的一种方式。

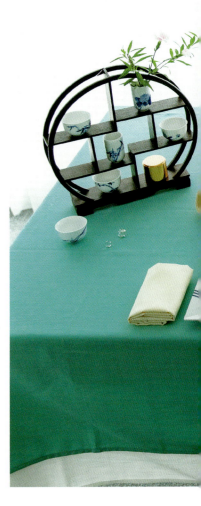

**品秀茗 赏蜀绣**

一位好友去四川旅行时寻得一件雅致蜀绣相赠于我，我将其运用到餐桌装饰之中。餐桌中间摆放了中式水盆写景的餐桌主花，简单地使用了睡莲和灯心草等夏日常见花材。在餐桌左侧的博古架上，摆饰着餐后品茶时要用的闻香杯以及功夫茶杯。蒸笼是中餐常用器具，这里将小巧玲珑的迷你蒸笼作为容器摆饰到餐桌上。白色主餐盘以及上面所搭配的餐碟选用了四方形，增加一定的现代感以及立体效果。

**黑白琴键上的小奏鸣曲**

以黑白琴键、跳跃音符为主题的餐桌设计。中间的桌旗是我用自己小时候练琴时的琴谱装饰出的特别款。琴谱上有许多我妈妈当年留下的笔记，如今的我作为母亲，也在坚持陪孩子们练琴。

这是我在孩子们参加完钢琴演奏会后，为家人们准备的一桌下午茶布置。餐桌花的花器选用的是家里的三个大啤酒杯，在杯中塞入一些散枝废叶来固定花材。用细长条的春兰叶把几个餐桌花衔接在一起，再点缀上跳跃的音符，打造出五线谱的感觉。在餐桌花中央上方悬吊着一小串音符，是孩子们学琴时的各种教具，我将它用细线串联在一起，像跳跃在空中的音符。

左侧的玫瑰代表着在谢幕后对孩子的一种鼓励，也代表了我对母亲当初坚持陪伴我练琴的感谢。这组餐桌设计与我的生活息息相关。将每一个独一无二的故事融入餐桌中，才能称得上是别出心裁的餐桌设计。

很多人对于餐桌设计的认知存在误区，认为堆砌大量花材或是摆放昂贵的餐具就可以称之为餐桌设计

Q：听说你在留美期间读的是MBA，又为何会对餐桌美学产生兴趣呢？

A：父母在我幼年时移居日本，每年寒暑假我都会前往东京与他们团聚。在我读小学时，母亲就开始带我去参加观赏各种花展、影展、餐桌设计展、美术展以及音乐会。美学对人的塑造是日积月累、潜移默化的，会在某一时刻突然迸发。

在日本庆应大学毕业后，我远渡美国，边读MBA边接触到各种欧美风格的婚礼策划以及餐桌设计相关的工作。

我个人的设计风格起初偏向于欧式。随着年纪的增长以及人生阅历的变化，我对于东方设计的内敛、意境之美理解得更加深刻。

餐桌设计有别于婚礼设计与策划，也不同于现在常见的花艺设计，更不仅仅是把名贵的餐盘器皿堆放在餐桌上。以上也是餐桌设计的几大常见误区。

**Q：餐桌设计是一门综合类的艺术学科，需要着重掌握哪些知识？**

**A：**很多人对于餐桌设计的认知存在误区，认为堆砌大量花材或是摆放昂贵的餐具就可以称之为餐桌设计。婚礼餐桌通常会布置得非常华丽，因此人们常常会把婚礼餐桌策划和餐桌设计混为一谈，这是概念上的错误。

餐桌设计师需要掌握不同领域内的专业知识，比如餐饮、器皿、美学等知识。而一位优秀的餐桌设计师还能将这些知识融汇贯通，灵活地应用到餐桌设计中。这里简单地跟大家介绍一下餐桌设计所涉及的知识领域。

1. 餐具器皿。如何根据餐具和器皿的风格与材质选择与设计主题相符的款式。这里当然也包括装饰物的选择。
2. 料理食材。
3. 餐饮文化。主要指各个国家和地区餐饮习惯、背景与发展历程。
4. 花艺。要掌握中西方多种花道花艺形式的创作，特别是要根据不同场合灵活运用。
5. 茶艺。如西方的各种下午茶形式、东方的日本茶道和中国功夫茶等不同形式茶艺。
6. 营养学。主要体现在食材的选择和料理的搭配。
7. 饮品和酒文化。如各种红酒、葡萄酒、香槟的搭配，还有中国的白酒、日本的清酒等。

**萤光恋曲**

这是我个人非常喜欢的一组作品。融入了很多个人情感。在设计餐桌之前，初夏的假期我和家人一起去日本的冲绳石垣岛游玩，在夜里带着两个孩子前往一个远离城市中心的地方观赏萤火虫。那是我们第一次看见在草丛里、水岸边和树枝上都遍布萤火虫的情景，非常震撼、也格外感动。

回到家中，我便急切地用餐桌的形式重现当时的情景，让家人能再次体验到当时的感动和惊喜。我选用了竹筒作为花器，利用一些夏季和水边常见的花材做了几组餐桌花，同时也替代了桌旗。在花材中又点缀了一些小小的串灯，营造出萤光闪闪的氛围。

最让我感到难忘的是当时在返回酒店途中遇到的那只大螃蟹。它让我们一家人再次感到惊喜，沿途就这只横穿马路的螃蟹聊了很久。因此，我在每个餐盘上都点缀了一只竹制的小螃蟹。一看到这只螃蟹，当时愉快的情景便又历历在目了。

**银妆圣诞**

这是一组打破常规红绿传统配色的圣诞作品。将一些喷白漆的枝条来替代餐桌花进行装饰。再将金、银、白色的各种圣诞挂件装饰在枝条上，在餐桌上打造出圣诞树的感觉。将小串灯缠绕填充在花瓶、酒瓶、白漆枝条还有桌面的一些小饰物上，利用灯光烛光的效果来为餐桌增添温馨感。餐巾也不是按照传统式样平铺在餐盘上，而是折叠成了立体圣诞树冠的样子。在餐巾顶部加上星星形状的小卡片，进一步增强了圣诞的欢快氛围。

8. 色彩学。主要体现在餐桌色彩搭配上，如餐桌布的色彩会定下整个作品的主色调，在一定程度上决定餐桌的风格。

9. 心理学。如根据面向对象的不同心理特征，商业性质的餐桌和家庭聚会的餐桌在设计时就要进行差异化处理。

10. 装盘艺术。如东方强调留白之美，以便将食物的最佳质感呈现在客人面前。

11. 音乐和灯光。根据餐桌设计风格的不同，搭配适当的音乐和灯光。

12. 空间设计。除了餐桌本身，还有餐桌所处区域的整体环境设计。

13. 礼仪和规范。熟知各地的宴请规范与就餐礼仪的差异。

14. 地理风情。

下面是餐桌设计中另一个非常重要的知识点——印象坐标图，以横轴竖轴分成四大象限、十六大基本风格。

有可爱、浪漫、休闲、自然、优雅、清爽、冷酷休闲、潇洒、活力、华丽、古典、时髦、粗犷野性、古典时髦、正式以及现代摩登十六大风格。

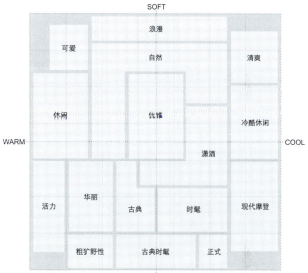

**印象坐标图**
横轴是指从暖色到冷色的色调变化，竖轴是指从柔软向金属冷硬、厚重质感的素材演变过程。比如可爱风格多为柔软质感，暖色调偏多。

**Q：餐桌花跟别的花艺形式相比，在设计上有哪些不同，有哪些要特别掌握的技巧？**

**A：** 首先，餐桌上的菜肴料理才是真正的主角，餐桌花不能喧宾夺主。如果餐桌花过分繁茂、体型过大都会阻碍进餐人之间的语言沟通和眼神交流，也可能阻碍餐品的取用。在空间较高的特殊情况下，可以使用细长型的花瓶让餐桌花整体在上方进行伸展，这样就不会阻碍进餐时的交流了。

其次，餐桌花要保证四面性，即需要保证360°可观赏。在花材的选择上，最漂亮的花材应面向主客位，而在客位一侧可以增强设计感。

最后，餐桌花的制作时间应尽量简短。日常聚餐通常只使用15~30分钟来制作餐桌花。短时间内做出一个360°可观赏、小巧精致的餐桌花，是餐桌设计师需要不断磨炼的一种基本技能。在比较正式的场合，可以适当增加制作餐桌花的时间。但餐桌花并非餐桌的主角，不宜花费过长的时间，否则便会喧宾夺主。

## 餐桌上的菜肴料理才是真正的主角，餐桌花不能喧宾夺主

这一组是春日里踏青赏花的家庭野餐作品。户外野餐餐桌设计的重点是色彩要与周围的景观相融合，同时还要兼顾外出的便利性。餐布选用了红白格子的经典田园风格野餐布，简单而休闲。因为草地一般会比较潮湿，所以下面又铺设了绿色四叶草防水垫，同时在色调上利用红绿的撞色搭配来增加视觉冲击与自然调和感。

在花材上选用了风格随意的野外休闲花材，如春天的香豌豆、小雏菊、玛格丽特等。因为是在野外，利用黄紫花色的对比色，然后再加入一些白色做为衬托和隔离。花的根部用保水啫喱固定再放入麻质编织袋中，随意而又精巧。整体布置十分简单，营造出家庭野餐的休闲感。

# 2 设计
# Design

| 毕棚沟自然婚礼 | 在夏日， | 夏初野外聚餐 | 夏日的花园 | 我用一生追随为你唱首月季花 |
| 天地之间唯有爱 | 和农场的花儿来一场纯粹的对话 | | | |

毕棚沟自然环境原始古朴，雪峰、森林、石头和谐奇妙的组合在一起

# 毕棚沟自然婚礼 天地之间唯有爱

看那天地日月，恒静无言
青山长河，世代绵延
我梦见你踏浪而来，袅娜动人
执手立于天地间，繁星在侧
心意相通凝眸间，互许终身
如若这不是梦，那便是它成了真

摄影／@良可LiangCoStudio
策划／@MiaoWedding
场地／@毕棚沟
花艺／@夏日蔷薇Doris

整理／石艳　图片／夏日蔷薇Doris

在纯静原生态的环境下，一对新人交换结婚戒指，许下携手白头的承诺

**左页左** 蛋糕式的桌花设计　**左页右** 签到台整体设计
**右页** 签到桌花设计

毕棚沟是四川境内的自然风景区，离成都市区仅4小时车城，新人选择在大自然的环境里举行这场一辈子都难忘的婚礼仪式，也是给彼此爱情的一份答卷。天地之间，唯有你我的仪式感。

天然的地貌及配色，我们选择在雪山下面的巨大石头山前面，在色系上大胆的运用了质感的金色和黑色，在自然的环境里，让布置更加具有质感。

整体花艺是撞色的设计，按照色系和风格来规划花材。以深灰蓝搭配酒红色为主，在花艺的部分，除了酒红色以外，我们还大胆的加入了近似的浅粉色及互补的橙色及紫色调，整体配色及丰富又相当协调，这大概就是自然系风格花艺的魅力所在吧。

定制的金质感铁艺，和厚重质感的丝绒布艺，在花艺材料的选择以自然风格为主，除了传统花材也加了一些自然的树枝结合在花艺里面。花材有暗红玫瑰'黑魔术'、红掌、山里红、台湾藜、黄栌、郁金香、蓝盆花、大丽花等。

以雪山、石头、云海为背景，没有过多的装饰和累赘，和大自然融为一体的感觉。婚礼是根据主人喜欢特别定制，设计了仪式区和甜品区。简单的金属棍架成的极简风婚礼仪式背景，充满高端大气感。精心设计的甜品台，让整个婚礼现场的格调得到大大的提升。

简约、高端、质感，接近大自然，和心爱的人在亲朋好友的见证下表达勇敢相爱的信仰……

# 在夏日，和农场的花儿来一场纯粹的对话

最近看了电影《海蒂与爷爷》，里面对乡间生活的描述，让人隔着屏幕仿佛都闻到了绿草如茵的气息。

初夏时分，沉浸在农场这远离喧嚣的向往生活之中。花艺也变得简单而纯粹了，大自然教会我们要保持对花艺和生活的那份初心！

夏日的农场里，虞美人的数量暴增，于是乎在这一次的花篮设计之中，虞美人变当之无愧的变成花篮的主角。5~6月正是芍药当季之时，搭配本地产的草花以及农场独家的多花素心叶，作品显得野趣、活泼。自然感的花艺之中，花与叶、枝叶之间都有着不同的植株关系。有的相对，有的相背，有的两两相依，有的成群生长。有了对大自然的观察，在作品的设计中也会有不同的灵感体现！

在复古自行车上装饰与设计花艺，就地取材的叶材与本地草花相互呼应，调性一致在设计花艺来讲是很重要的。这点好比人穿着衣服，在这样的环境里，需要的不是锦绣华服，粗布麻衣反倒是相得益彰。

编辑/石艳 图片/SHINY

**左页上左** 清新自然风花束
**左页上右** 法式臂弯花束
**左页下左** 法式瀑布花篮
**左页下右** 自然风手提花篮
**右页** 自然风花帘设计，带来春天般的小清新

# 夏初野外聚餐

**春末夏初**

和花艺同行们的野外聚餐。

带上花,带上食物,选一安静惬意之所,

有野花、有绿地,有笔直修长的树,

和缝隙间洒下来的缕缕阳光,

感受和大自然中相处的点滴时光,

这也是美好生活中该有的样子吧!

**撰文** / 陈佳佳　静静

春末夏初给人的感觉就是温柔清新中带点热烈，活力满满的样子。花材选用了浅浅淡淡的颜色，加了点明亮的黄，用这个季节特有的珊瑚芍药，做了个热烈却不张扬的自然系手捧，还有自然系的花篮，在阳光映衬、微风拂动下轻盈地跳动，感觉特别的美好！

做了两个蛋糕一样的小桌花，搭配高高低低的透明花器，摆上烛台，拿出提前备好的美味食物，零零散散地放上几样色系搭配的水果，旁边还有为这次野餐特意准备的帐篷，就这样过了一个轻松惬意、仪式感满满、被欢声笑语包围的美好下午。

**户外野餐，食品最好以糕点及三明治等容易携带的为主，汤类食物最好不要选择，还要备好防蚊虫叮咬的药物。**

**右页** 在阳光照耀的树林里，放上一桌美貌的花和食物，让整个桌子都变得诗情画意起来了，特意准备的帐篷让氛围更加惬意

婚礼仪式放在了挑高的玻璃房子内，给宾客最舒适的体验

# 夏日的花园

Lucy&Claire 在莫干山"飞鸟芳原"的婚礼,
自带着香草味的芳草原,
在山脚下草坪上的下午茶、挑高玻璃房子里的仪式、花园里的晚宴,
这便是细致贴心的 Lucy&Claire
在婚礼上给宾客最舒适的体验……

粉红玻璃瓶,温柔的婚礼色

编辑/石艳　图片/夏日蔷薇 Doris

新人Lucy&Claire和宾客大部分都是上海人，上海到莫干山大约2~3小时路程，在这样自然、美好的环境里举办婚礼也是希望可以和朋友们尽情玩乐，忘记在城市里的压力，这一天只为这一件事而来，在莫干山的众多场地中，新人提前一年考察了场地，选中了花园农场般的芳草原。我们进到场地就被扑面而来的薄荷香草味吸引。我想这分自然的体验则是这场婚礼最大的吸引。

我们结合了场地的特色，把仪式放在了挑高的玻璃房子内，玻璃房子本身的结构和线条较为复杂，我们用有着"面"的布艺设计作为垂吊在空中，让整个空间结构更为大气，精致，而晚宴则放在了花园里，也是希望自然野趣的环境为婚礼增添浪漫。

**左页下左** 新人结婚照片展示
**右页** 婚礼上的一角，花朵与甜品的浪漫邂逅

**左页** 在山脚下草坪上的下午茶，浓郁的浪漫氛围，清新的田园风
**右页上右** 晶莹剔透的冰饮
**右页下左** 食物与花的邂逅
**右页下右** 水晶杯盛放的饮品

# 我用一生追随为你唱首月季花

## ——黑金色田园风餐桌设计

摄影／©纪菇凉
策划／©春夏农场
场地／©南京春夏农场
花艺／©阿桑

夏天来临，月季在这个季节里肆意绽放，一团团、一簇簇，争芳斗艳，芳香扑鼻，让人陶醉。"一尖已剥胭脂笔，四破犹包翡翠茸。何似此花荣艳足，四时长放浅深红"。宋代的陈兴义在《月季花》中的描写让我们看到了月季花的娇艳美态。

编辑／石艳　图片／南京春夏农场

餐桌美学课是南京春夏农场的课题之一。主理人阿桑善于从身边的大自然中取材，随性自然地呈现贴近生活的设计。

这款餐桌花布置场景是上花艺课时做的，月季开得正好的时候，来了很多朋友上课。采了温室花园里盛开的玫红色月季，搭上黑金色碎花系列餐具，做了一回有点酷的餐桌，田园风也可以这样玩。

玫红色月季，柔粉色的花心，外侧花瓣淡粉色，花朵开成可爱的形状，散发着浓郁的古典月季气息。这次餐桌艺术尝试将月季和民族风融合在一起，于是就有了粉紫色与黑色的奇妙组合。粉色与紫色属于近色系，用于搭配很常见，但加上黑色，就从妖媚系变成了充满神秘感。

青黑色的印花桌布，充满了神秘的民族气息，搭配金色的烛台、花器，黑与金所呈现出高贵又神秘的气质。粉紫色系的月季，是整个餐桌的提亮色和焦点，高低的搭配，让浓郁的颜色更有了层次感。

"花开花落满天下，沉醉绽放一瞬间。我用一生追随，为你唱首月季花……"徜徉花海春满园，诗情画意漾心田。忙碌一整天，坐在月季海洋里，我觉得已经是莫大的幸福了。

**左页** 玫红色的月季，在民族风印花桌布上，绽放得如此娇艳动人
**右页上左** 搭配黑金色系列餐具
**右页上右** 水果、花朵都是细节的点缀
**右页下** 石榴、火龙果、坚果、甜点等将餐桌点缀得质感更丰富

# 金鸡菊的浪漫

摄影／@纪菇凉
策划／@春夏农场
场地／@南京春夏农场
花艺／@阿桑

漫山遍野的小清新花色，成了唱响的主角，也可以搭上黑金质感色。

　　农场播撒的金鸡菊长成了规模，以往菊花是不起眼又普通的，细细的根茎似乎难以造势。

　　但是，在春夏农场的餐桌美学课上，一切不起眼的普通都能变成隽永的美。

　　当小清新黄遇上暗色系桌布，搭配GreenGate黑色花纹餐具，金色的烛台与叉勺，充满黑金质感的餐具，正是呼应了金鸡菊中心的一点黑。

　　这一组配色看似不搭，但组合后有让人意想不到的效果。黄色清新小花充满线条美，但它的颜色实际是偏重的，所以搭配暗色调也不会显得突兀。

　　食物搭配选择的是全黄色系，金色、西瓜的嫩黄、花的金色其实属于不同层次的黄，各种黄色食物让人看着就垂涎欲滴。美食担当西瓜采自春夏农场，一个西瓜也能变出N种吃法，这个夏天可以很美味。

编辑／石艳　图片／南京春夏农场

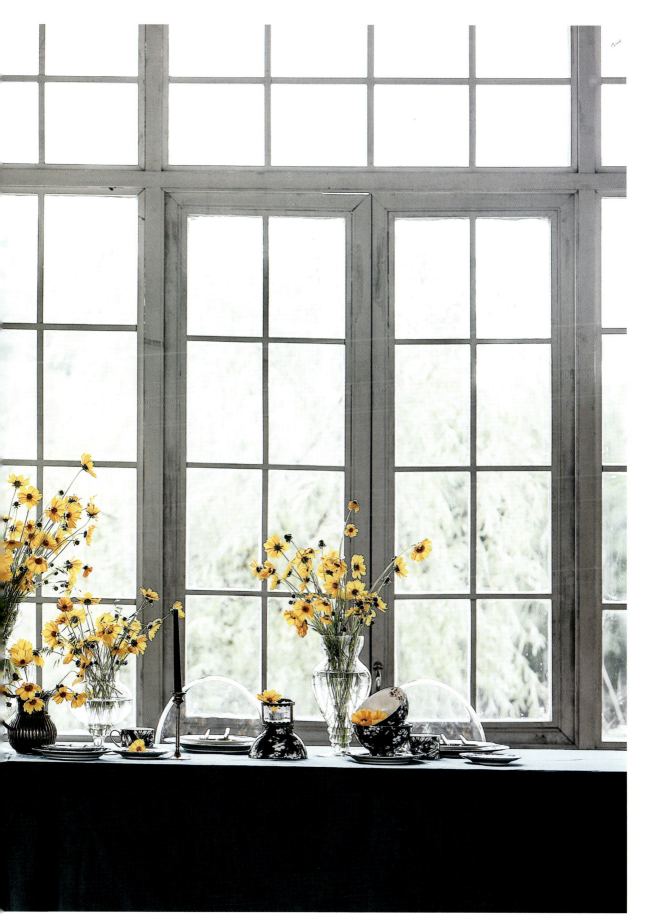

# 惬意生活
## 从简约格调餐桌开始

摄影/@邱建新_chiu
花艺/@小李哥

"我愿意深深地扎入生活，吮尽生活的骨髓，过得扎实，简单，把一切不属于生活的内容剔除得干净利落，把生活逼到绝处，用最基本的形式，简单，简单，再简单。"
——梭罗《瓦尔登湖》

编辑/石艳　图片/小李哥

当花艺进入生活，它的美不仅仅在于装饰性，更多的是它的勃勃生机鼓励着我们永远向前，这就是花艺的魅力。

在繁华的都市同样可以感受到自然的气息，只要心中有景，何处不是花香满径。都市里也能找到一处让内心保持宁静的地方，在这里疗愈，然后继续前行。在生活中，我们要努力从众多繁琐事物中学会做减法，让自己生活变的简单，环境变得安静……

在花艺这条路上，我依然选择了坚持。爱生活爱花艺，心中的理想职业就是能把工作和生活融为一体的，娴静却又不失充实的，忙碌却又不失趣味的。喜欢去花市选自己喜欢的花材回工作室练习单品或做场景，同时一杯清茶，一首喜欢的单曲循坏，一盆小花，静静地付之行动，喜欢缘于内心的温暖，只有花艺的温暖可以打动我的世界，而作品的展示与分享却是无形的价值，所以你来还是不来，我依然存在，并且存在得真真切切。同一个环境，同一个人小李哥，同一风格清新简约，同一感受自然而真实……

此款餐桌花艺采用白色花材，用绿叶、少量红叶相衬，每一朵花每一片叶都是鲜活的，生机盎然，清香袭人。木质桌椅、竹编灯、墙面木质框、质朴的生活气息扑面而来。花艺并不在意是过多色彩斑斓，这样的白与绿足矣，生活也是如此，简单即是生活。

# 复古油画风

摄影／@邱建新_chiu
花艺／@小李哥

这次作品的灵感来源于油画。根据大小、色彩、光源的观察，找寻物体的固有色、光源色、环境色的生成关系，用色彩塑造体积感、质感和空间感。

编辑／石艳　图片／小李哥

夏日阳光明媚,繁花似锦,犹如一幅复古的油画:浓墨重彩

**左页上** 大型悬挂花艺、餐桌花艺，花艺作品的布置与整体空间环境的风格和谐统一
**左页下左** 灯饰上绿植缠绕
**左页下右** 墙壁悬挂装饰

大型悬挂花艺、镜框花、各种瓶花、木架缠绕的花、地面上的花，多种形式的组合与构建，彼此最大限度地协调、融合。在线条运用中，曲线线条设计和自由线条比较多，花卉的曲线线条与自由线条是柔软与生硬、动与静的较量，动态美感更多来缘于曲线和自由线条，所以我更喜欢曲线条的设计：生动、灵动、活波、柔软……

在炎热的夏天，绿意盎然，生机勃勃，我们选择以花艺的形式来诠释生命，当然，在这个诠释过程中，可以没有过多纷繁复杂的技巧，也可以不做纯粹的大自然搬运工，在表现植物个体生长的自然美的同时，更重要的是要展现出植物自然组合的群体美。所以既要有大的场景，又要有小的细节，花艺之美，型体只是表面，而真正的意义，是表现了现代人对生活的渴望……

真正的花艺，不是销路好的商品，也不是美观的装饰品，而是治愈心灵的秘方。每一个花艺师都是自然的使者，他们用心灵和花草对话，治愈每一个无处安放的心灵。

这组自然系花艺组合，有种从油画里跑来的感觉，多种形式组合，单看每一种形式都是那么美丽，组合后各放异彩！

# 优雅浪漫蓝与紫

摄影／@邱建新_chiu
花艺／@小李哥

飞燕草的花语是清静、轻盈、正义、自由，身姿轻盈，颜色淡雅，自然是田园风插花中不可或缺的重要角色。

蓝与紫交融的魅力,营造了一种恬静、清新的氛围,真想躲进这个清幽的角落,远离城市喧嚣

　　由飞燕草、各种绿材构成的复古式大型桌花,颜色和谐而温润,让人联想到法国印象派画家莫奈的油画。

　　大形悬挂花艺主要用飞燕草花材,打造出梦幻浪漫的氛围,让平淡无奇的生活变得仪式感满满。在餐桌上简单地摆放一丛瀑布式的飞燕草,和悬挂花艺相呼吸,在墨绿色的背景墙映衬下,更宁静致远,如置身于幽静田园野餐的感觉。

　　主色调是泛蓝的紫还是泛紫的蓝?傻傻分不清楚。蓝色是天空的颜色,代表了永恒,蓝色表现出一种美丽、浪漫、恬静与理智。加入了一丝丝紫色,让画面极具视觉冲击力……

# 3 基础
# Basic

玻璃容器插花微景观 | 环保袋插花特色 | 花园烛台制作 | 海洋家居瓶花 | 法式自然风插花

# 玻璃容器插花 微景观

透过玻璃透中透视，
淡淡的蓝色大飞燕草，
搭配清爽的绿色，
宛如一盆植物微景观静谧器皿内，
让心在炎热的夏季沉静下来。

*Flowers & Green*

大飞燕草、须苞石竹、松虫草、翠珠、燕麦、吊兰、素馨花叶子

设计／Billie 陈宥希
图片／SEASONS FLOWER 田季花田

## How to make

❶ 将花泥切成正方形居中放置在器皿底盘上，取一支大飞燕草倾斜垂直插入花泥，截取剩余的花朵如图遮盖花泥。

❷ 取须苞石竹、吊兰插入剩余的花泥，覆盖整个花泥表面，再加入大飞燕草的花朵增加质感。

❸ 在作品右上方插入翠珠花，注意花的高度和表情不需要一致。在作品中间部分插入黑色松虫草，增强色彩对比。

❹ 插上素馨花的叶子，藤蔓感的线条缠绕在顶部营造出自然感。最后插入燕麦，作品完成，盖上玻璃罩即可。

# 环保袋插花特色

设计 / Billie 陈宥希
图片 / SEASONS FLOWER 田季花田

运用身边的日常物品，
插作花艺作品，
既环保又有趣，不起眼的环保袋，
瞬间野性十足，动起手来试试吧！

*Flowers & Green*

油彩叶、黄栌花、漂雪叶、南天竹、多头大阿米芹、风车果、燕麦、松虫草、素馨花叶子

*How to make*

❶ 在袋子里垫上防水玻璃纸后，根据袋子高度放入适合的花泥数量，花泥高度比袋口矮10cm左右即可。

❷ 在花泥四周插入油彩叶，注意叶子表情和朝向，展示张扬感。加入黄炉化，覆盖整个剩余空间，遮盖花泥。

❸ 加入漂雪叶和南天竹，增加作品宽度和垂感。将多头大阿米芹组群垂直集中插在作品右侧，注意高度不需要一致，需要跳跃感和张扬感。

❹ 风车果组群集中插在作品左右和中部，同样注意高度不需要一致。

❺ 加入燕麦。

❻ 最后加入松虫草和素馨花的叶子，为作品增添质感和趣味，野性感油然而生，作品完成。

# 花园烛台制作

花艺设计 / 叶昊旻
图片来源 / 微风花 BLEEZ（广东·东莞）

　　玻璃瓶是极佳的室外蜡烛防风容器，透过玻璃观察瓶子里面的花草，就像一个小小的世界，一草一木都是精心的安排。点燃蜡烛后，烛光透过花草，光和影都巧妙地投射出去，花草枝条的剪影又是另一种视觉的享受。

Flowers & Green

玻璃瓶、蜡烛、花泥、苔藓、绣球、葡萄风信子、松虫草、大阿米芹、纤枝稷、小盼草、绿植盆栽等

*How to make*

❶ 准备大口径的玻璃瓶,建议直径在30cm或以上,并准备5~7cm直径的柱状蜡烛,无需固定也不会倒下。

❷ 将花泥充分浸泡并切割成接近瓶底的大小,四周保留一定空间。

❸ 在花泥四周放入苔藓,遮挡花泥的侧面。

❹ 在花泥中间放入高低不一的三根柱状蜡烛后,在四周插入适量绣球。

❺ 加入大阿米芹、小盼草和纤枝稷，营造出高低错落的野趣感觉。

❻ 加入灵动可爱的葡萄风信子，作为本作品的主花，花朵高度正好处于中间，以蜡烛烛身作为背景。

❼ 将大朵的松虫草插在低处，遮挡花泥，花苞比花朵稍微高一点，最后加入铁线蕨点缀。

❽ 从顶部观察，花朵分布在蜡烛四周，从每一个角度都可以观赏。

## 海洋家居瓶花

*Demonstration*

夏天会想到什么,我想大海必定是答案之一。于是设计了这款清凉感的家居瓶花。海洋的元素通过花器融入,因为在花艺作品里花器也是重要的组成部分。运用果冻蜡的透明特性,通过加入贝壳和调色,营造出蓝色渐变的独特花器,为这件作品带来更多的创作空间和观赏性。

花艺设计／叶昊旻
图片来源／微风花BLEEZ（广东·东莞）

> *Flowers & Green*
> 绣球、铁线莲、小飞燕、中国桔梗、蓝星花、玫瑰、
> 洋桔梗、马蹄莲、女贞、肾蕨和沙巴叶

### How to make

❶ 准备两个大小不一的透明玻璃瓶，在大玻璃瓶底部铺入白色小石头后，将小玻璃瓶放入，让两个瓶口维持在同一高度。

❷ 在两个花瓶的间隙加入小贝壳装饰。

❸ 加热果冻蜡至120℃，倒入两个花瓶的间隙至1/3的高度。接下来分3次，每次加入自己想要的颜色，逐次加深颜色，直至倒满瓶口，形成从瓶口至底部的颜色渐变

❹ 花材采用和果冻蜡搭配的蓝紫色系。使用螺旋手法制作花束，首先采用铁线莲、玫瑰、小飞燕、蓝星花、肾蕨作为花束的中心。

❺ 在一侧加入绣球后，将不同品种的花材穿插在绣球当中，让绣球与其他花材融合在一起，视觉上更为和谐。

❻ 注意花材的高低差，将蓝紫色漂亮的铁线莲和小飞燕作为主花跳跃在花束表面。完成花束后使用拉菲草捆绑，修剪根部即可放入做好的花瓶中。

> Flowers & Green
> 郁金香、花毛茛、麻叶绣线菊、珍珠绣线菊、米花

*Demonstration*

# 法式自然风插花

花艺设计 / 高尚
图片来源 / 高尚美学空间（北京）

清晨暖暖的光透过白色的窗纱，星星点点的黄色光晕落在地上，像极了应季的白色郁金香，顺手搭配些花材，一个清雅自然的花翁就诞生了。

*How to make*

❶ 准备花器加入鸡笼网用来固定花材。
❷ 用麻叶绣线菊叶插出大体轮廓形态，加入花毛茛和郁金香使作品饱满，加入几枝花朵饱满的麻叶绣线菊，修剪多余的叶子增强枝条的走向。
❸ 在右侧加入米花以柔化整体视觉，最后加入线条弯曲的郁金香增加错落的感觉，使作品更有趣。

# 初夏迷你花园

花艺设计 / 叶昊旻
图片来源 / 微风花 BLEEZ（广东·东莞）

**Flowers & Green**

蕨类、喷泉草、纤枝樱、洋甘菊、小苍兰、郁金香、蓝星花、滨菊、火焰兰多头切花月季、铁线莲、松虫草、茵芋、大阿米芹、黄栌和常春藤

使用意大利制的红陶盆作为花器，作品灵感来源于欧洲的家庭园艺，而初夏正是花园最美的时候。这初夏的迷你花园，将记忆中的欧洲花园融入，各种花草缩小成细碎的小花，多种色彩组群分布形成缤纷而不杂乱的渐变，是一个充满野趣的自然风格盆花。

*How to make*

❶ 在红陶盆放入充分浸泡并用玻璃纸包裹的花泥。花材以细碎的自然风格花草为主。

❷ 不同方向插入常春藤，让叶子自然地下垂在花盆的周边。

❸ 将永生苔藓铺在花泥的外围，营造出盆栽的感觉。将铁丝剪短弯成 U 型，穿过苔藓插入花泥即可将苔藓固定。

❹ 在最高处插入蕨薁，呈现向上生长的蓬勃姿态，然后依次插入郁金香和小苍兰。

❺ 花材组群式分布,左边是白色系花材,右边是橙色系花材,中间的黄白色洋甘菊作为色彩过渡。

❻ 前方同样是将浅蓝色的蓝星花插在左边,酒红色的茵芋和松虫草插在右边,中间是浅紫色的铁线莲作为色彩过渡,整体来说细碎的花朵在高处,稍大的花朵在低处。

❼ 将酒红色的黄栌插在右侧,整个作品呈现从左到右渐渐加深的色彩变化。

❽ 将浅绿色的纤枝稷插在作品左侧下方,如同泉涌般往外延伸,完成作品。

# 茶几矮花瓶插花

花艺设计 / BILLIE
摄影师 / Kyne
图片来源 / 將·will studio

高雅的白色花材，搭配稳重的石纹陶瓷花盆，在花器中相互重叠交流，多了一分朝气与亲切，特别适用在会客的茶几上。

蝴蝶兰、木绣球、大飞燕草、郁金香

## How to make

① 在已装置好花泥的器皿上插入白色飞燕草。飞燕草分解剪短,平均分布。

② 在飞燕草表面插入白色丁香,注意丁香高度比飞燕草高,将木绣球围绕整个作品平均分布加入,注意高度与丁香差不多一致。

③ 再加入马蹄莲。注意马蹄莲的弧度,呈现优美线条感,自然垂落倚靠在飞燕草上。

④ 郁金香围绕整个作品加入,注意线条不要太一致,可长度不一,更显自然,最后在作品左右插入白色蝴蝶兰,尾端自然垂落靠在桌面水平上。作品完成。

# 4 探店
# Discovery

时时刻刻贩卖与生活相关的一切美好　　餐厅 + 花店

# 时时刻刻
# 贩卖与生活相关的一切美好

——记云南时时刻刻花店和她的主理人黎媛

一个雷厉风行的女记者，变成温柔的花房姑娘，
她成全了自己的初衷，也成就了很多的美好

**"时光可以让生活面目全非,也可以让一些情愫更加清晰"**

以前的我,生活中是没有四季的。

2017年3月之前,我是别人眼中典型的"工作狂"。

7点起床,8点半开始工作,晚上10点左右下班,如果遇到拍摄和特殊工作任务,晚上3点睡觉和早上4点起床也是常事。大部分周末用来加班和值班,如果不用加班,则用来做上周的工作总结和下一周的工作计划。

周而复始。

不可思议的是我异常享受这种飞奔到停不下来的感觉,觉得充实、满足而有价值。

彼时,我供职于昆明一家报业集团,任新媒体视频中心主任,"王记者""王老师""王主任"这些称呼和头衔让我乐此不疲。

撰文／黎媛　图片／The Hours 时时刻刻花植生活实验室

2017年3月,我28岁,做了一个至今都觉得很酷的决定:放弃了上升期的事业、不错的收入、受人尊敬的职业和社会地位、多年的人脉和资源……

当时的我,很清楚即将失去什么,却无法肯定会不会得到想要的。

几乎每一个女孩都有一个花房梦想,我也不例外。

提起对花店的执念,要从小时候说起。当时妈妈是漯河第一批也是最好的花艺人之一,我们那儿大的商店开业或者是领导长辈过生日什么的,都会找妈妈订花。

我就在她的小小花店里长大。

妈妈也会在清晨的时候带我去家门口的河堤,随手就能摘下大把的野花,回家插在一个玻璃瓶里。

时光可以让生活面目全非,也可以让一些情愫更加清晰。

想用细铜管做特别一点的灯罩,一遍遍跑建材市场,终于挑选到合适的材料

**左页上** 绣球花装饰的门店
**左页下** 设计了独特的楼梯扶手，要自己穿钢丝绳和焊接
**右页** 收养的两只巨蠢萌可爱的猫主子

### 亲力亲为,让花店扎"根"

笃定了拥有一家花店的目标,外出学习、找店铺、盯装修一气呵成。

我希望花房有阳光的沐浴,有泥土的芬芳,所以不愿意选择没有"根"的商场。翠湖周边、小吉坡、先生坡、文林街、钱局街、染布巷、铁皮巷……为了找到合适的房子,骑着电单车和老公一起走遍了昆明所有的老街巷。

最终花房的位置定在了书林街的"彩云里",前身是昆明的老橡胶厂,也算是一代老昆明人的记忆。另外,这里还毗邻昆明的标志性古建筑金马碧鸡坊、东西寺塔、近日楼,闹中取静,又极具历史韵味的老文化街区。

接下来就是漫长而磨人的装修阶段,从早到晚盯在装修现场,每一个细节都亲自敲定。

装修真的很累,我们又想每一个地方都做的跟别人不一样,就累上加累!

店里面的很多装饰都是我们动手自己做的,比如市面上买不到好看的纯铜的水池,所以我们就妥妥的自己买铜板来焊了一个。

想用细铜管做特别一点的灯罩,一遍遍跑建材市场,终于挑选到合适的材料。

各种事情都是亲力亲为。和木工现场沟通每一个家具的具体样式和尺寸,把发酵过后的羊粪与各种土混合来种花,设计了独特的楼梯扶手,要自己穿钢丝绳和焊接 。想要开家花店真的不是只有想象中的美好,还好我乐在其中,并异常享受这一点点努力实现梦想的过程。

### 很辛苦，但很幸福

在写下这篇文章的时候我问自己：有过后悔吗？这几年的生活，是你当时想要的吗？

认真思索过后，我给自己的回答是：这几年很辛苦，但是不后悔。

我有一间自己喜欢的小店，一个陪我一起奋斗的老公，一群志同道合的小伙伴，还收养了两只巨蠢萌可爱的猫主子。

去年8月开业的时候，我在花房门前置下了一片绣球花海，11月底的深秋从植物园拉回来满屋的枫叶，去年年底又布置了一辆开往2018年的梦幻花车。

天晴的时候去山上采野花野草，下雨天就可以给自己做把花草伞。

现在的我，终于能够慢下来。

春天看着我最爱的垂丝海棠从打花苞到慢慢凋谢；夏天花房侧面的无尽夏绣球开得绚丽多彩；秋天门外的小红枫叶子像晚霞；而冬天，到了冬天我们会抱着猫在屋子里煮一壶热气腾腾的花茶。如果恰巧这时候有一个有趣的灵魂走入花房，聊得尽兴，再没有比这个更惬意美好的事情。

在花草植物面前，你只是你，最真实的自己。

> **在花草植物面前，你只是你，最真实的自己。**

**左页** 生活在城市中的我们渴望接近大自然,带着原生泥土的气息,与植物一起呼吸

**右页上** 鲜花可以带给我们美好的心情,但是植物,可以带给我们力量

## 受益于之前的记者经历

有一次整理房间,翻到了一大摞之前工作时候领导和客户的名片,一张张翻看,那些名字陌生到没有一个认识。

晃神的一瞬间,好像下一秒就要穿起高跟鞋去谈业务,或者拿起相机换上运动鞋去跑采访。

离职第一年我依然怀念那些奔走的日子,并万分珍视那份职业所带给我的宝贵财富,现在创业阶段依然受用:独立思考的能力,努力拼搏的精神,以及内心的信仰。

有人说如果没点儿信念是不配做记者的。

如今摘下记者证,离开新闻中心大楼,摇身变成了"花房姑娘",但骨子里的那点小倔强却怎么也抹不去。

比如爱多管闲事,见到不公正的事件就忍不住要多说几句,比如总有着最初悲天悯人的心,觉得依靠自己的力量可以让世界更好一点,比如在生活里更愿意做一个倾听者。

时时刻刻的移动花房,成为当时最靓丽的风景线。

## The Hours时时刻刻，
## 有"温度"是我的初衷

花房开业以来，我给自己的第一个关键词就是"温度"，这里不应该仅仅是一家花店，而是贩卖与美好生活相关的一切。

我在微信公众号上做了一个专栏叫《每天都有温暖的故事发生在这个温暖的花房》，记录花束背后或温馨、或幸福、或感动的一个个瞬间。

花房落在这儿，一年年走过，就会和昆明这个城市里的人有更深的情感关联。

同时，我们坚持每个月举办一场有意思的活动，和大家一起过有花的生活。

云南昆明是亚洲最大的鲜花交易市场，出口46个国家和地区，全国10枝鲜切花7枝产自云南。

当初创立The Hours时时刻刻，也是为了能够成为春城对外的一个小窗口，让生活在这里的人们可以真正感受花草相伴的生活，让省外游客感受花都的魅力。

开店一年以来，不仅受到了本地爱花之人的认可，我还有幸作为新一代年轻花艺师代表入选云南省最新形象宣传片，与杨丽萍、李心草、晓雪、叶永青、裴盛基、金飞豹等诸位大师一起出镜，为云南代言。

现在，花房里每天都会接待来自全国各地的花友，我们还会奉上自己研制的各种鲜花糕点和鲜花饮品：鲜花饼干、鲜花蛋糕、鲜花咖啡、花酒等等……

目前时时刻刻已经正式开放加盟，希望能够从昆明出发，收集海拔1900米的阳光，然后带给全国爱花之人最温暖的问候。

很多人问过我花房名字"The Hours"的想法起源。

源自于美国作家迈克尔·坎宁安的同名小说《The Hours时时刻刻》。

他讲述了三个不同时代、不同社会背景、不同年龄的三个女人一天的故事。

有时候，会突然感觉到生活的无力与惊慌失措，我们也深知，这与金钱、地位、荣誉都无关，困住我们的是自己。

每个人都需要和自己对话的空间，而花草无疑是最好的媒介。

所以我们建了一个这样的"实验室"，希望让你可以尽情与自己相处。

生活本就是一场实验，谁说了一定要有规定动作？

世界上只有一种英雄主义，那就是认清了生活的真相之后依然热爱生活。

记得之前看过一句话，"我害怕找不到一个我喜欢的方式度过余生"，很庆幸，我选择了与花相伴。

我们寻找的生活，她应该有光，
温暖的穿透一切；
她应该有笑声，也应该有泪水；
值得我们我们为她哭，也值得我们为她笑。

时时刻刻创作的花礼作品

**左页** 闺蜜沙龙课,这里不应该仅仅是一家花店,而是贩卖与美好生活相关的一切
**右页** 粉红的色泽,茸茸的触感,送给甜美的她准没错

有人开花店"荒度"余生，有人开餐厅过向往的生活。
在芜湖有家与餐厅跨界的花店。
这样新颖的模式使其开业后迅速吸引客户。
虽然被吸引来的人很多，
但是这家花店却一直在做着"拒绝"客户的生意……

# 餐厅  花店

这家成功跨界的花店主理人却说——

## "是的，我们真的在拒绝客户"

城南花店

访问／邹爱　图片／芜湖玫瑰派花艺

**Q：先介绍一下玫瑰派吧，怎么会想到与餐厅相结合？**

A：我们现在有两家店，分别在芜湖的城南和城东，城南店2011年成立，面积150平方米；城东店2017年成立，面积300平方米，带餐饮。除了花店日常的鲜花业务、花艺培训，还有餐饮的定制派对、软装设计、施工等。

这些年走南闯北的，去看很多优秀的花店和优秀跨界的案例，然后结合自身优势进行发散性的思考。在做摄影和花艺之前，我从事餐饮行业五年，对餐饮有一定的了解，我们第一家花店开了七年，在这基础上与餐饮结合比较有优势。这就是为什么我们的花店和餐厅可以稳定的去经营的原因。

花店里开餐厅的这种模式在芜湖是首例，乃至在安徽省可能也是首例，很新颖让人眼前一亮。虽然我们并没有很成功，但是我们依然能够坚持，能够获得粉丝的喜爱。

**左页** 花店里有餐厅以后跟其他的花店不一样,在一些节日,买花可以转换成用餐。在餐厅行业也非常有特色

**右页** 花店的一角,被植物包围的私密餐桌

Q:餐厅和花店的客户群体并不完全重合,你们是如何定位和吸引客户的呢?

A:我们的业务方向是偏向中高端的。餐厅主要是定制服务。比如在情人节,我们将餐厅的每个就餐区都做成隐私空间,根据区域大小和风格不同而设计成专属场景。比如在荷塘月色的房间中,就用花布置成荷塘月色,营造出水雾弥漫的浪漫效果。

为了吸引客户,餐厅刚开业时推出了一项服务:给用餐的客户免费拍照。因为我是摄影师出身,餐厅的环境也很美,拍出的照片跟写真水平差不多,且照片不限量,想拍多少拍多少,还免费修图。但这个特色服务一开始就声明了得在老板娘有空的基础上才行。

私人定制、免费拍照,以及第一家店前期做的铺垫比较好,跨界餐厅开业以后就快速地吸引了大众。

闲暇的下午时光可以来花店喝下午茶，看看书

## Q：餐厅给花店带来了什么？

A：首先，餐厅对我们玫瑰派品牌有更好的提升，档次提升了，在同行内的有很强的辨识度，当然，餐厅也是非常有特色的。

通过花店或餐厅，我们把客户引进来以后相互转化。比如女朋友过生日，男生送完花和礼物还得请吃饭，恰好我们的餐厅有这么好的环境氛围，所以买花可以转换成用餐，这种案例非常多。餐厅也是这样，有些客户没听说我们有花店，用餐的时候发现我们原来是个这么漂亮的花店，那么他顺便在这里买一些花、植物，还会有一些鲜花包月或周边商品的业务。我们周边商品有饮品、花、果实、酵素等。这样立体的消费，就是我们一开始想要的。现在都按照自己想要的方向在发展，这一点也让我很欣慰。

在这个基础上，我们还继续做一些跨界的尝试，比如粉丝共享。为什么去共享，我也没想清楚，但是我觉得共享的过程当中自己也会有收获，因为在分享的同时，自己也有收获。包括一些数据的收集，谁拥有数据，谁就拥有市场的主导权。所以我们会做更多的分享，了解更多的数据。

## Q：花店与餐厅结合在经营中最需要注意哪些方面，遇到问题是怎么解决的？

A：餐饮管理这一块不太容易，尤其是跟花店跨界。因为客户群体比较高端，客户对我们的要求会高于普通餐厅，有的比较"难伺候"，餐厅遇到过客户无中生有找事的情况。我发现很多的创业者，在客户面前把自己定位很低，无条件的忍耐客户，这样会导致客户优越感特别强，然后很小的事情就去找商家的问题，而商家往往都是零容忍零包容。我觉得这种风气很不好，人与人之间都是平等的，没有包容心、没有信任感、没有爱，这是很糟糕的。

我们餐厅没有想把业绩做得很高，所以我们一直在做"拒绝"的生意，我认为这个客户的素质不高，他这次来消费让我很失望，我虽然不会得罪他，但我不会欢迎他下次再来。目前我们餐厅一直是定制业务，客户来餐厅一定要预约，不预约的话你就没办法消费。我们要对客户进行筛选。

很多人不太理解我是开门做生意，还拒绝客户，是的，我们真的是在拒绝客户，包括买花这块也是在拒绝客户，我们会先做引导，引导不成就是拒绝。

左页 闺蜜聚餐、打卡的好地方
右页 到了某个节日你应该给你爱的人一种仪式感的体现

**Q:除了跨界餐厅,玫瑰派的主要业务还是基于花店,您在经营中有哪些独到之处吗?**

A:我们花店虽然有模仿大城市的一些经营方式,但是也非常有自己的特色,比如各种沙龙活动。

因为我摄影出身的优势,我们每一场沙龙都会给学员拍很漂亮的照片。我们2014年开始就开展各种沙龙活动,前期开展的商务活动都是以花为主;2016年,开始做一些特色的沙龙,会带着花粉们一起出去玩、游学。

**旗袍沙龙**

参与者都很年轻,颜值很高,旗袍也都是很时尚的改良版旗袍。然后我们会选择有特色、很漂亮的机构,比如农庄、庄园等地方合作。一经推出,在行业内影响非常大。

然后就陆续开展同类的主题沙龙,将服装与花艺结合。如果服

装很现代，那么我们插的花就很现代；如果服装很传统，我们就会配上传统的插花。参加汉服主题沙龙的都必须穿汉服。

**晚礼服沙龙**

尤其受欢迎，平时大家穿晚礼服的机会非常少，很多女性都很希望能够穿一次晚礼服，尤其是那些很性感的晚礼服，平时没有机会去表现，我们给大家这样的舞台和机会。联合我们的红酒代理商，帮我们做地道的西餐美食、调鸡尾酒等。要求所有参加沙龙的人都穿最漂亮的晚礼服，配合妆容和发型才可以来参加。现场还有专业的摄影师给大家拍照。这场活动让我们的知名度大幅提高，因为这种高端的酒会在芜湖几乎没有。

**春夏彩妆时装发布会沙龙**

这种沙龙做得非常高端，是跟一个时装、彩妆、设计师的朋友联合举办的这场沙龙。他请了专业的模特，妆容和服饰也都非常亮眼。

这种沙龙活动太多了，有法律讲堂、有情绪管理类的课程，这种讲座非常受现在女性的欢迎，因为现在女性他们都渴求成长，也愿意为家庭做一些牺牲和配合。

我们举办沙龙的同时，就是在培养感情。每一次举办沙龙的时候，我们会有条件的招生，这样参加沙龙的人就会有一种荣誉感。

花店一角

我们大部分的沙龙是收费的。之前有完全免费的沙龙,后来只是部分免费,因为有些人契约精神不够强,大家很容易就会失约,所以我对契约精神的培养这一块也做了很多的工作,就是参加我们免费的沙龙讲座,也要收取30元茶水费,并且不退款,但我们的会员是免茶水费的。

目前我们的"花粉"大概在8000~10000人左右,大部分是通过沙龙课程来的,而且质量比较高,因为我们从来不去做点赞、加好友、送礼物这种活动,这种方式加我认为都是"僵尸粉"。用诱惑去吸的"粉丝"其实没有感情,用实力和魅力去征服的"花粉"才最铁的。

春夏彩妆服饰发布会

# 花艺目客

## 会员专享服务

**成为《花艺目客》vip 会员，专享以下福利**

### 会员图书专享

1. 获赠最新《花艺目客》全年系列书 1 套（4 本 +2 本主题专辑），价值 348 元；
2. 2018 版全年《花艺目客》会员 5 折专享 折扣价值为 174 元
3. 会员价订购 258 元欧洲顶级花艺杂志《FLEUR CREATIF》（创意花艺）全年 6 本。

### 《花艺目客》会员群分享

加入《花艺目客》会员群，不定期邀请嘉宾进行分享和微课教学。资材、花材新产品的试用。

### 优先宣传

《花艺目客》《小米画报》优先宣传，入选作品在小米的手机、智能电视、智能盒子、笔记本电脑等终端，自动显示超清晰、高品质的锁屏壁纸。其日点击量 500 万。

### 国内外花艺游学

**会员价 398 元**

扫码成为会员

# FLEUR CRÉATIF
## 创意花艺

扫码购买

20 年专业欧洲花艺杂志
**欧洲发行量最大，** 引领欧洲花艺潮流
顶尖级**花艺大咖齐聚**
研究欧美的**插花设计趋势**
呈现不容错过的精彩花艺教学内容

**6本/套** | **2019** | 原版英文价格 ~~620元/套~~
中文版价格 348 元/套

## 供稿单位

 好研社
作品页码 ▶ P12

 南京春夏农场
作品页码 ▶ P21、71、76

 陈杨
作品页码 ▶ P32

 夏日蔷薇Doris
作品页码 ▶ P49、63

 SHINY FLORA
作品页码 ▶ P55

 AMBER FLORA
作品页码 ▶ P59

 成都花艺设计小李哥工作室
作品页码 ▶ P80、84、88

 SEASONS FLOWER 田季花田
作品页码 ▶ P94、96、110

 微风花BLEEZ 旗舰店
作品页码 ▶ P98、102、106

 高尚美学空间
作品页码 ▶ P104

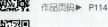 时时刻刻花植生活实验室
作品页码 ▶ P114

 芜湖玫瑰派花艺
作品页码 ▶ P128

花艺目客